BEI GRIN MACHT SICH IHR WISSEN BEZAHLT

- Wir veröffentlichen Ihre Hausarbeit, Bachelor- und Masterarbeit

- Ihr eigenes eBook und Buch - weltweit in allen wichtigen Shops

- Verdienen Sie an jedem Verkauf

Jetzt bei www.GRIN.com hochladen und kostenlos publizieren

Ben Herzog

Branch point effect und kompensatorische Phosphory-lierung

Gezeigt am Glyoxylatzyklus bei E.coli unter Erklärung der Michaelis-Menten-Kinetik

GRIN Verlag

Bibliografische Information der Deutschen Nationalbibliothek:

Die Deutsche Bibliothek verzeichnet diese Publikation in der Deutschen National-
bibliografie; detaillierte bibliografische Daten sind im Internet über http://dnb.d-
nb.de/ abrufbar.

Impressum:

Copyright © 2009 GRIN Verlag GmbH
Druck und Bindung: Books on Demand GmbH, Norderstedt Germany
ISBN: 978-3-640-40005-8

Benjamin Herzog
Berlin, den 21. August 2009
6. Fachsemester

Bachelorarbeit in Biophysik:

Verzweigungseffekt und kompensatorische Phosphorylierung am Beispiel der Glyoxylatabzweigung in E.coli

In der Arbeitsgruppe
„Molecular and Cellular Evolution"

Sommersemester 2009

Inhaltsverzeichnis

Seite

A. Einleitung

Stoffwechselprozesse können durch Modelle nachvollzogen und simuliert werden. Es hat sich gezeigt, dass bestimmte Muster dabei bevorzugt in Erscheinung treten. Der Stoffwechsel lässt sich dadurch als ein Netzwerk darstellen, das aus immer wieder auftauchenden Bausteinen aufgebaut ist.

In dieser Arbeit werden zwei solcher Bausteine vorgestellt und deren Verknüpfung anhand der Glyoxylatabzweigung in E.coli gezeigt. Der erste Baustein ist die Verzweigung, die sehr häufig im Stoffwechsel von Zellen vorkommt. Sie stellt neben der bloßen Signalweiterleitung den einfachsten Baustein im Stoffwechsel dar. Es kommt oft in der Zelle vor, dass ein Stoffwechselprodukt mehrere mögliche Wege gehen kann. Die Zelle entscheidet dann, welche Produkte sie aus der Verzweigung benötigt. Sie muss daher den Stoffwechselfluss durch die Verzweigung genauestens regeln können.

Ein Beispiel für eine Verzweigung ist der Aufbau von Aminosäuren aus gemeinsamen Vorläufern. Verzweigungen sind beim Aminosäurenaufbau angebracht, um die Vorläufer nicht jedes Mal neu aufbauen zu müssen. Die am besten studierte Verzweigung ist jedoch die Glyoxylatabzweigung vom Zitronensäurezyklus in E.coli. Dort wird Isocitrat aus dem Zitronensäurezyklus abgezweigt und in Glyoxylat bzw. Succinat umgewandelt. Der Fluss durch die Abzweigung besteht jedoch nur, wenn E.coli auf Acetat wächst und keine Glucose vorhanden ist. Dann benötigt E.coli die C_4-Verbindungen Malat und Oxalacetat aus dem Zitronensäurezyklus (anapleurotische Reaktionen), um selber Glucose daraus aufzubauen. Die Glucose wird beispielsweise für die Zuckerketten an den Zellwänden benötigt. Würde Isocitrat nicht abgezweigt werden und würden die C_4-Verbindungen den normalen Weg des Zitronensäurezyklus nehmen, dann würde unnötig Kohlenstoff in Form von CO_2 bei der Dehydrogenierung des Isocitrates verbraucht werden.

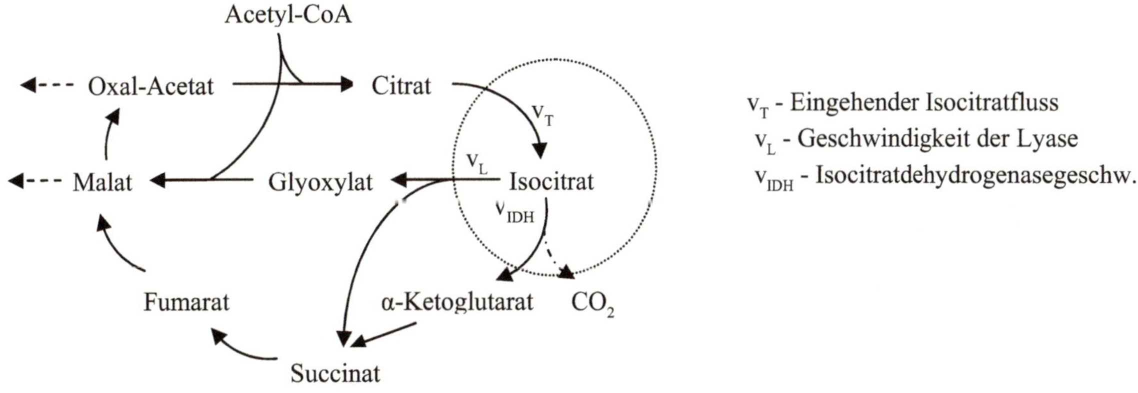

Grafik 1. Glyoxylatabzweigung (gestrichelt) vom Zitronensäurezyklus in E.coli.

Wenn E.coli auf Glucose wächst, wird die Glyoxylatabzweigung nicht mehr gebraucht und abgeschaltet. Die Zelle hat nun wieder mehr Reduktionsäquivalente für die Energieproduktion durch die Dehydrogenierungen zur Verfügung. Der Mechanismus der Schließung beruht auf einer Regulierung der Isocitratdehydrogenaserate (v_{IDH} in Grafik 1) und der Isocitratproduktionsrate (v_T in Grafik 1). Aufgrund der besonderen Sensibilität der Lyasereaktion darauf (v_L in Grafik 1) wird sie verlangsamt, ohne dass die Lyase selber reguliert wird (Verzweigungseffekt bzw. "branch point effect").

Die Regulierung der Isocitratdehydrogenase (IDH) selbst erfolgt durch kompensatorische bzw. reversible Phosphorylierung. Dabei wird sie je nach Bedarf durch Dephosphorylierung aktiviert oder durch Phosphorylierung deaktiviert (Grafik 2).

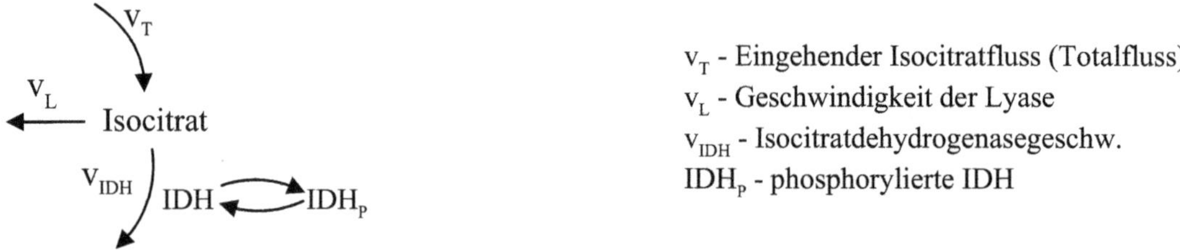

Grafik 2: Kompensatorische Phosphorylierung der Isocitratdehydrogenase bei E.coli.

Die Konzentration der aktivierten IDH kann dadurch präziser und schneller als durch Transkription und Translation eingestellt werden. Bei kurz anhaltenden Veränderungen der Umweltbedingungen kommen Phosphorylierungen zum Zuge, während bei langanhaltenden Anpassungen die Zelle auf Proteinbiosynthese durch Translation und Transkription setzt. Sie macht sich durch den Einsatz von Phosphorylierungen von dem Rauschen in der Zelle unabhängig, das durch unspezifische Verteilung der Enzyme und Metaboliten in der Zelle verursacht wird. Änderungen der Gesamtkonzentration des Enzyms werden kompensiert, weil Schwankungen durch De- oder Phosphorylierung umgehend ausgeglichen werden können. Es ist immer eine bestimmte Menge in aktiver Form vorhanden, während der Rest als Reserve deaktiviert bleibt.

Das Verhältnis von aktivierter und deaktivierter IDH kann über die Regulierung des phosphorylierenden Enzyms, der Kinase, und durch das dephosphorylierende Enzym, die Phosphatase, präzise eingestellt werden. Bei einer kritischen Signalstärke findet ein schnelles Umschalten in Form eines rapiden Anstiegs der Konzentration an aktivem Enzym statt ("Ultrasensitivität"). Das schnelle Umschalten beschleunigt den Verzweigungseffekt, der auf dem Anstieg der IDH-Konzentration beruht. In Kombination führen beide Bausteine somit zu einer Effizienzsteigerung im System.

In dieser Arbeit werden zunächst die Grundlagen der Enzymkinetik behandelt. Darüberhinaus werden der Verzweigungseffekt und die kompensatorische Phosphorylierung vorgestellt. Zuletzt wird die Bedeutung der Kombination beider Regulierungsmechanismen für die Zelle aufgezeigt.

B. Einzelne Kinetiken im Überblick

Die Kinetik beschreibt im Rahmen von Modellierungen die Geschwindigkeit einer Konzentrationsänderung. Dabei kommt es nicht darauf an, ob diese durch eine kovalente Verknüpfung im Sinne einer chemischen Reaktion hervorgerufen wird. Kinetiken können auch für nicht kovalente Umwandlungen oder einfach nur für Stoffflüsse aufgestellt werden.

Ein einfacher Prozess ist in der Systembiologie der signalinduzierte Auf- und Abbau eines Stoffes. Er ist letztlich Bestandteil aller zellulären Prozesse, da all jene durch Signale reguliert werden. Diese Prozesse können als Signal-Antwort-Kaskaden aufgefasst werden.

$$
\begin{array}{ll}
S & S - \text{Signal: z.B. Enzym, Cofaktor} \\
\downarrow & R - \text{Antwort} \\
I \rightarrow R \rightarrow & v_1 - \text{Aufbaugeschwindigkeit von R} \\
\quad v_1 \quad v_2 & v_2 - \text{Abbaugeschwindigkeit von R} \\
& I - \text{Substrat}
\end{array}
$$

Grafik 3: Der signalinduzierte Auf- und Abbau eines Stoffes.

I. Massenwirkungskinetik

Das Substrat I, aus dem R entsteht, sei nicht begrenzend. Es wird daher nicht berücksichtigt. Man erhält Massenwirkungskinetik, d.h. eine lineare Abhängigkeit der Geschwindigkeit von der Signalstärke (Grafik 4):

$$v_1 = k_1 \cdot S + v_0 \qquad v_0 - \text{Anfangsgeschwindigkeit}$$

Grafik 4: Lineare Abhängigkeit von v_1 vom Signal S.

Das System lässt sich mit folgender Differentialgleichung beschreiben:

$$(1) \qquad \frac{dR}{dt} = v_1 - v_2 = v_0 + k_1 S - k_2 R \qquad v_0 = \text{konst.}$$

Nach einer bestimmten Zeit befindet sich das System im Fließgleichgewicht (Grafik 5). Um dies zu zeigen, ist folgende Funktion in Matlab zu benutzen:

```
function [dRdt] = MWK (t,R);

% Parameter
v0=0.36;
k1=6.0;
k2=2;
S=10;

% Gleichungen
dRdt=v0+k1*S-k2*R;
dRdt=dRdt';
```

In der Kommandozeile ist mittels ode45 die Funktion numerisch zu integrieren:

```
R_0=0;
[t,R]=ode45('MWK',[0 20],R_0);
plot(t,R);
```

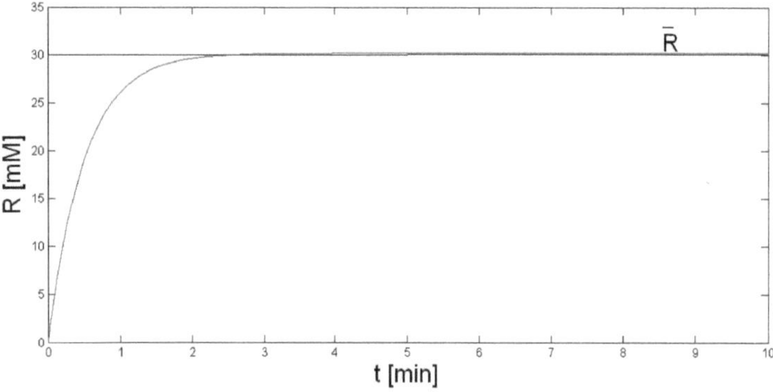

Grafik 5: Einstellung des Fließgleichgewichts $\bar{R}$.

Der Nettoumsatz ist im Fließgleichgewicht null:

$$\frac{dR}{dt} = 0$$

Damit lässt sich R im Fließgleichgewicht in (1) berechnen:

$$\bar{R} = \frac{v_0 + k_1 S}{k_2}$$

Mit steigendem Signal stellt sich ein höheres $\bar{R}$ ein (Grafik 6).

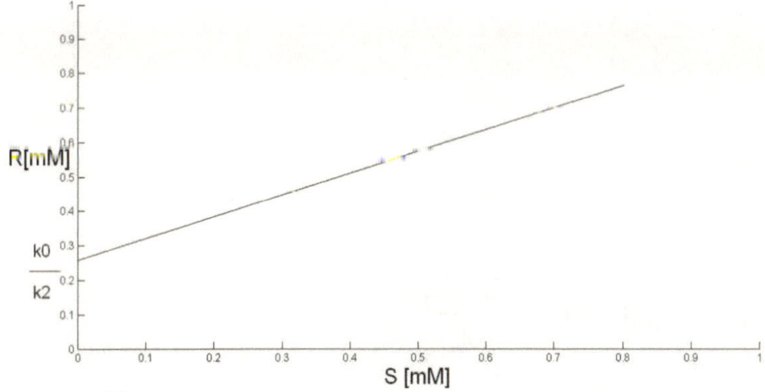

Grafik 6: $\overline{R}$ in Abhängigkeit von S.

Vergleicht man v_1 bei unterschiedlich festem S ($c_3 > c_2 > c_1$) und v_2 als Funktion von R (Grafik 7), erkennt man, dass $v_1(K,S)$ dem Signal folgend konstant bleibt. Da R sich dadurch fortwährend ansammelt, steigt auch $v_2(R,S)$ kontinuierlich an. Die Schnittpunkte der beiden Geschwindigkeiten entsprechen den Fließgleichgewichten, da an diesen Stellen $v_1 = v_2$ und daher $\frac{dR}{dt} = 0$ ist.

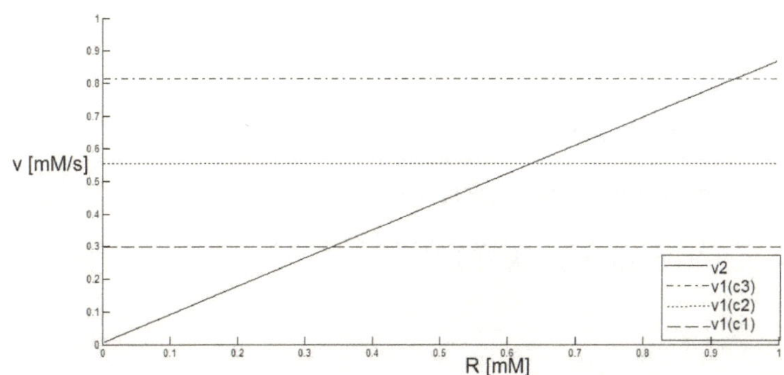

Grafik 7: v_1 und v_2 zu unterschiedlich festem S als Funktion von R. Die Schnittpunkte stellen Fließgleichgewichte dar.

II. Michaelis-Menten-Kinetik

In der Michaelis-Menten-Kinetik ist ein sich bildender Enzym-Substrat-Komplex EI zu berücksichtigen:

$$E + I \underset{v_{-1}}{\overset{v_1}{\rightleftharpoons}} EI \overset{v_2}{\longrightarrow} R + E$$

I - Substrat
E - Enzym
R - Produkt

Es gilt:

$$\frac{dEI}{dt} = k_1 \cdot E \cdot I - (k_{-1} + k_2)\, EI$$

Im Fließgleichgewicht findet man:

$$k_1 \cdot E \cdot I = (k_{-1} + k_2)\, EI$$

$$EI = \frac{E \cdot I}{(k_{-1} + k_2)/k_1}$$

$$EI = \frac{(E_T - EI)I}{K_m} \qquad \text{mit } E = E_T - EI \quad \text{und} \quad K_m = \frac{k_{-1} + k_2}{k_1}$$

$$K_m = \frac{E_T \cdot I}{EI} - I$$

$$EI = \frac{E_T \cdot I}{K_m + I}$$

$$k_2 \cdot EI = k_2 \cdot \frac{E_T \cdot I}{K_m + I}$$

Das Substrat I sei begrenzend, aber dennoch in weitaus größerem Umfang als E vorhanden:

(2) $I \gg E$

Dadurch ist E schnell ausgelastet. V_2 ist weitaus größer als v_1 und v_{-1}, die sich dadurch schnell im Fließgleichgewicht befinden. Da v_2 somit geschwindigkeitsbestimmend ist, folgt für die Geschwindigkeit der enzymkatalysierten Reaktion $v = k_2 \cdot EI$:

$$v = \frac{k_2 \cdot E_T \cdot I}{K_m + I} = \frac{v_{max} \cdot I}{K_m + I} \qquad \text{mit } v_{max} = k_2 \cdot E_T$$

Es handelt sich um Sättigungskinetik. Eine bestimmte Höchstgeschwindigkeit v_{max} wird nicht überschritten (Grafik 8). K_m wird Halbsättigungskonstante genannt, weil sie der Konzentration des Substrates entspricht, bei der die Hälfte der Sättigungsgeschwindigkeit erreicht wird. Die Form von v ist hyperbolisch.

In der Matlabkommandozeile ist einzugeben:

```
I=[0:0.1:100];
k=1;
E=2;
Km=1.5;
v=k*E*I./(Km+I);
plot(I,v)
```

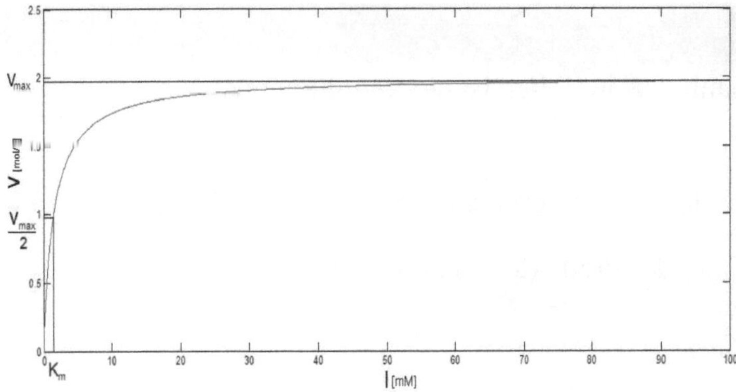

Grafik 8: Michaelis-Menten-Funktion mit $K_m = I$ ($v = v_{max}/2$).

Wenn man I und K_m n mal potenziert, erhält man die so genannte Hill-Kinetik:

$$v = \frac{k \cdot E \cdot I^n}{K_m^{\ n} + I^n}$$

V wird sigmoidal. Der Anstieg ist abrupter, je größer n ist (Grafik 8).

```
k=1;
E=2;
Km=1.5;
I=[0:0.1:100];
n=2;
v=k*E*I.^n./(Km.^n+I.^n);
semilogx(I,v)

hold on
n=4;
v=k*E*I.^n./(Km.^n+I.^n);
semilogx(I,v,'--')
```

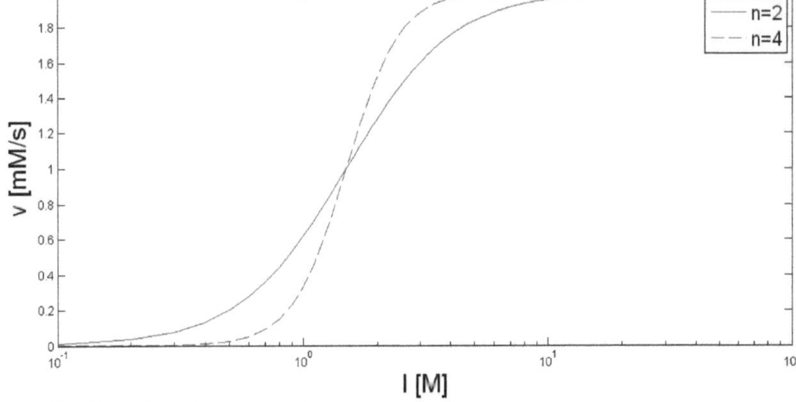

Grafik 9: Hill-Kinetik bei n = 2 und n = 4.

C. Verzweigungseffekt

Ein typischer Regulierungsmechanismus in Zellen ist die Regulierung an einer Verzweigungsstelle.

In eine solche Verzweigungsstelle laufe ein konstanter Strom v_T. Zwei Enzyme E_1 und E_2 wetteifern um I und sind an der Bildung der Produkte P_1 und P_2 beteiligt (Grafik 9).

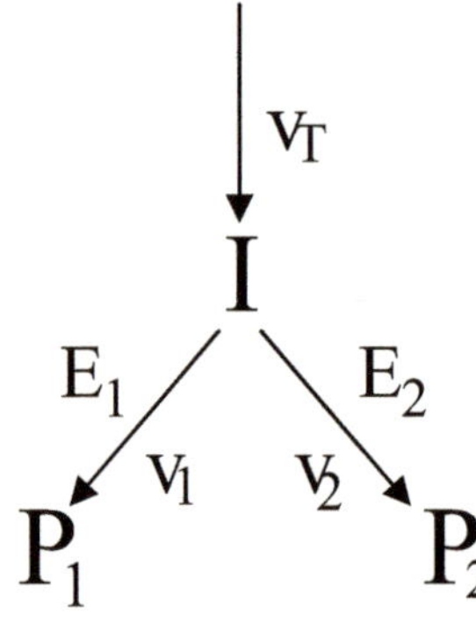

Grafik 9: Verzweigung in Zellen

Über den Wettbewerb der beiden Enzyme E_1 und E_2 wird entschieden welches Produkt in welchem Umfang produziert wird. Die genaue Regulierung ist von entscheidender Bedeutung für die Zelle.

Auf diese Weise werden beispielsweise Aminosäuren aus gemeinsamen Vorgängern gebildet. Auch die Abzweigung des Citratzyklus zum Glyoxylatzyklus (Grafik 10) funktioniert auf diese Art und Weise. Sie dient E.coli zum Aufbau von eigenen Kohlenstoffverbindungen. Es würde ohne die Verzweigung sämtlicher Kohlenstoff für die Energieproduktion aufgebraucht werden.

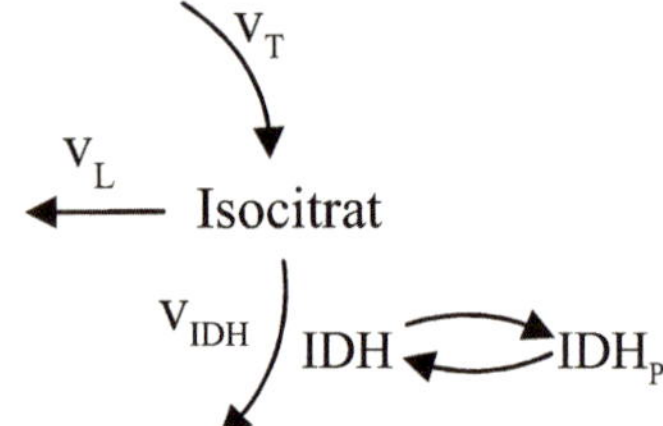

Grafik 9: Glyoxylatverzweigung in E.coli.

Die Differentialgleichung der Verzweigungsstelle (Grafik 9) ist:

$$\frac{dI}{dt} = v_T - v_1 - v_2$$

Unter Anwendung der Michaelis-Menten-Kinetik ergibt sich für v_1 und v_2:

$$v_1 = \frac{k_1 E_1 I}{K_m^{\ 1} + I} \qquad v_2 = \frac{k_2 E_2 I}{K_m^{\ 2} + I}$$

sowie für den gesamten Fluss:

$$(3) \quad \frac{dI}{dt} = v_T - \frac{k_1 E_1 I}{K_m{}^1 + I} - \frac{k_2 E_2 I}{K_m{}^2 + I}$$

I. Einstellen des Fließgleichgewichts

Es stellt sich nach kurzer Zeit in der Verzweigung ein Fließgleichgewicht von I und der Geschwindigkeiten ein. In Matlab ist I als Variable zu wählen und folgende Funktion zu integrieren[1]:

```
function [dIdt] = Verzweigung (t,I);

% Parameter
vT=111;
Km1=600;    %Lyase
Km2=8;   %IDH
vmax1=290;
vmax2=80;

% Gleichungen
dIdt=vT - vmax1*I./(Km1+I)- vmax2./(Km2+I);
dIdt=dIdt';
```

In der Kommandozeile:
```
    I_0=10.0;
    [t,I]=ode45('Verzweigung',[0 20],I_0);
    plot(t,I);
```

für v1:
```
    vmax1=290;
    Km1=600;
    v1=vmax1*I./(Km1+I);
    plot(t,v1);
```

für v2:
```
    vmax2=80;
    Km2=8;
    v2=vmax2*I./(Km2+I);
    plot(t,v2);
```

---

[1] Parameter aus LaPorte et al. 1984, S. 14072.

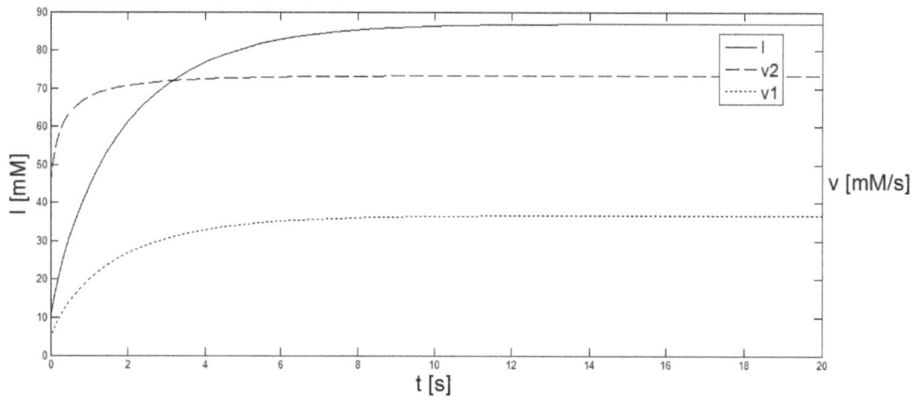

Grafik 10: Einstellung des Fließgleichgewichts von I, $v_1(I)$ und $v_2(I)$ mit der Zeit.

Es stellt sich ein Fließgleichgewicht von I ein (Grafik 10). Die Geschwindigkeiten der Abzweige als Funktionen von I werden ebenfalls in der Folge konstant. Die Fließgleichgewichtskonzentration von I lässt sich durch Umstellung von (3) berechnen:

$$\bar{I} = \frac{b - \sqrt{b^2 - 4(v_T - v_1 - v_2)(v_T K_m^{(1)} K_m^{(2)})}}{2(v_T - v_1 - v_2)} \quad \text{mit} \quad b = v_1 \cdot k_2 + v_2 \cdot k_1 - v_T(K_m^{(1)} + K_m^{(2)})$$

II. Regulierung der Verzweigung

Möglich wäre es, die Verzweigung über die einzelne Enzyme zu steuern. Effektiver ist es jedoch E_2 und E_T direkt zu regeln und E_1 sich indirekt einstellen zu lassen.

1. Regulierung über E_2

E_2 wird reguliert, indem v_2^{max} geändert wird. V_1 ist sensitiv zu v_2 und wird somit indirekt mitgeregelt. In Matlab kann dies darstellen, indem man die Funktion in einer Schleife einbettet:

```
function [dIdt] = Verzweigungvm (t,I);

% Parameter
vT=0.9;
global Km1 Km2 vmax1 vmax2;

% Gleichungen
dIdt=vT - vmax1*I./(Km1+I) - vmax2*I./(Km2+I);
dIdt=dIdt';
```

In der Kommandozeile:

```
global Km1 Km2 vmax1 vmax2;
Km2=1; Km1=100; vmax1=1; k=1;
```

```
for vmax2=0.01:0.01:10
[t,I]=ode23('Verzweigungvm',[0 20],0);
IG(k)=I(end);
k=k+1;
end
semilogx(0.01:0.01:10,IG)

hold on

vmax2=[0.01:0.01:10];
v2=vmax2.*IG./(Km2+IG);
semilogx(vmax2,v2)

v1=vmax1.*IG./(Km1+IG);
semilogx(vmax1,v1)
```

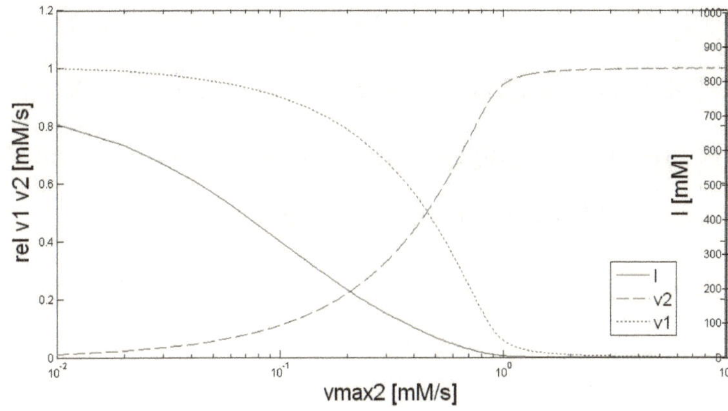

Grafik 11: Isocitrat, relative v_1 und v_2 in Abhängigkeit von v_2^{max}.

Mit zunehmender v_2^{max} nimmt v_1 ab (Grafik 11). V_2 hingegen nimmt in umgekehrter Manier zu. Vermittelt wird das Verhalten der beiden Zweige durch I. Obwohl I zwar nur mäßig abnimmt, reagieren v_1 und v_2 darauf jedoch sensibel.

Die Sensitivität hängt von den jeweiligen Michaelis-Menten-Konstanten ab:

Wenn $K_1 \gg K_2$ gilt, hängt v_2 bei kleinem I im Gegensatz zu v_1 nicht mehr von I ab (Reaktion nullter Ordnung; ↑ in Grafik 12) sondern nur noch von v_2^{max}. Die beiden Michaelis-Menten-Kinetiken in Matlab:

```
I=[0:0.1:800];
Km=50;
v=k*S*I./(Km+I);
plot(I,v)

hold on

Km=1.5;
v=k*S*I./(Km+I);
plot(I,v)
```

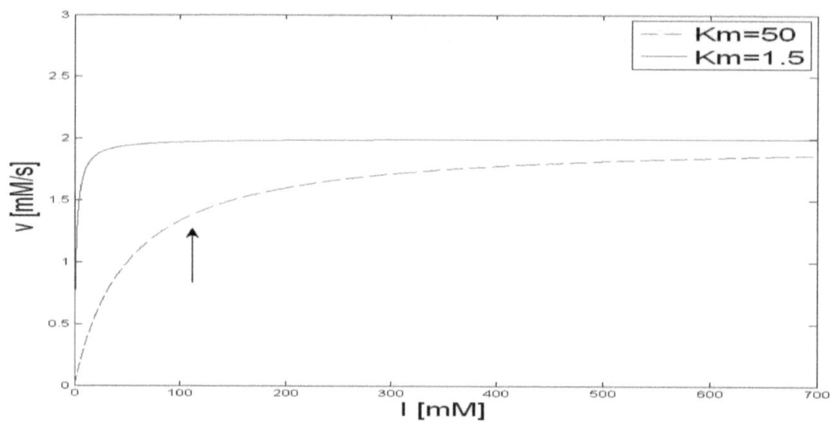

Grafik 12: Michaelis-Menten-Kinetiken bei unterschiedlichen K_m-Werten

Die Abschaltung der Verzweigung erfolgt indirekt durch Erhöhung von v_2 (Verzweigungs- bzw. „branch point"-Effekt)[2], wenn $K_m^{(2)} >> K_m^{(1)}$. Es wird mehr I verbraucht, so dass E_1 weniger Substrat zur Verfügung steht. Die Konzentration fällt unter den niedrigen $K_m^{(1)}$-Wert. Der Durchfluss v_2 geht gegen null (Grafik 13). V_1 hingegen bleibt stabil. Die veränderten Parameter gegenüber dem Programm von Grafik 10 sind beim Verzweigungseffekt[3]:

```
v_T=20;
v_max_2=320;
t = [0 1]
```

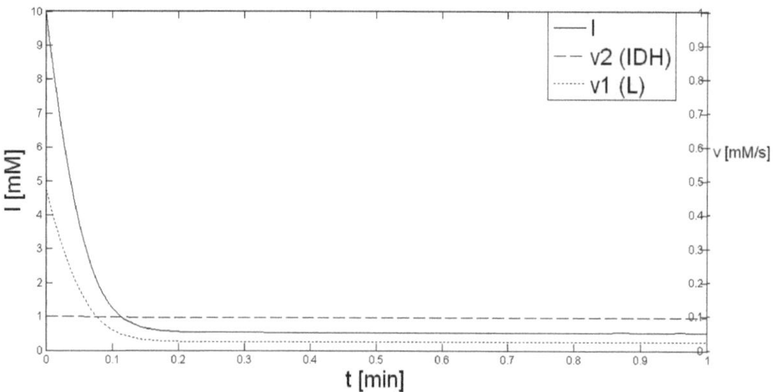

Grafik 13: Man sieht, dass durch die veränderten Parameter sowohl I als auch v_1 schnell abnehmen und sehr gering werden. V_2 bleibt hingegen stabil.

2. Regulierung über v_T

Als weitere Regulierungsmöglichkeit hat sich die Regulierung von v_T bzw. die Änderung des Enzyms, dass v_T regelt, gezeigt. Es handelt sich ebenfalls um eine indirekte Regulierung. Im

---

[2] Walsh et al. 1985, S. 8432-8433.

[3] Parameter aus LaPorte et al. 1984, S. 14072.

Unterschied zu der Regulierung über E_2 ändern sich die Flüsse v_1 und v_2 hingegen in derselben Richtung. Sobald v_T erhöht wird und I zunimmt, reagiert darauf E_2 aufgrund des niedrigen K_m- und hohen v_{max}-Wertes stärker (Grafik 14). Es verbraucht I und lässt nichts mehr für E_1 über. In der Simulation wird v_T durch I ersetzt:

```
I=[100:0.1:300];
t=[0:0.02:40];
plot(t,I)

hold on
vmax1=80;
Km1=8;
v1=vmax1*I./(Km1+I);
plot(t,v1,'--')

vmax2=290;
Km2=600;
v2=vmax2*I./(Km2+I);
plot(t,v2,'..')
```

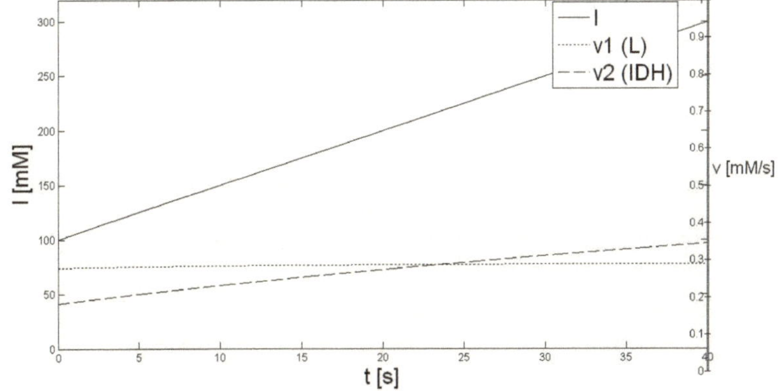

Grafik 14: Auf die Veränderung von v_T, hier dargestellt durch I, reagiert v_2 stärker als v_1.

D. Kompensatorische Phosphorylierung

Für die Zelle ist es sehr wichtig, den Fluss durch die Verzweigung genauestens zu kontrollieren. Der Fluss hängt von der Konzentration der Enzyme ab. Folglich muss die Zelle den Gehalt an Enzymen präzise einstellen können. Dafür gibt es mehrere Möglichkeiten. Die Zelle könnte eine bestimmte Menge an aktivem Enzym produzieren. Allerdings dauert es lange, über Transkription und Translation das Enzym herzustellen. Die Zelle kann in diesem Fall nicht schnell genug reagieren. Es ist auch problematisch, auf diese Art und Weise die Konzentration des Enzyms konstant zu halten. Die Enzyme würden durch den ungerichteten

Transport innerhalb der Zelle stark in ihren Konzentrationen schwanken. Nur bei ungefalteten, kleinen Proteinen kommt eine Regulation über Proteinsynthese in Betracht[4].

In dem Großteil der Fälle ist es sinnvoller, einen anderen Weg einzuschlagen. Es wird mehr von dem eigentlich benötigten Enzym produziert, aber nur ein bestimmter Teil durch Phosphorylierung aktiviert. Schwankungen der Gesamtkonzentration können im Bedarfsfall innerhalb kürzester Zeit ausgeglichen werden, da es nur auf die Aktivierungsrate ankommt. Durch diese so genannte kompensatorische (bzw. reversible) Phosphorylierung, wie sie in E.coli an der Verzweigungsstelle zum Glyoxylatzyklus erfolgt[5], kann sich die Zelle schnell auf wechselnde Umweltbedingungen einstellen und über die kinetischen Parameter die Verzweigung optimal regeln. Dabei wird E_2 durch Dephosphorylierung mittels einer Phosphatase aktiviert und durch Phosphorylierung mittels einer Kinase deaktiviert (Grafik 15). Es handelt sich um eine ATP-abhängige Phosphorylierung von Serin-, Threonin- und Tyrosinresten unter Ausbildung einer Phosphomonoesterbindung. Diese Art der Phosphorylierung wurde zuerst in Eukaryonten entdeckt, die Bedeutung in Bakterien und Archaea tritt aufgrund biochemischer und genomischer Analysen zunehmend zutage.

Im Folgenden werden die verschiedenen Kinetiken auf diesen Baustein angewandt und miteinander verglichen. Es wird gezeigt wie sich die Fließgleichgewichte jeweils einstellen und wie sich v_1 und v_2 bei Veränderung des Signals verhalten. Die Michaelis-Menten-Kinetik wird sowohl unter dem Gesichtspunkt von einer als auch von zwei Bindungsstellen betrachtet. In dem Zusammenhang werden Modelle diskutiert, die zu einer Invarianz des aktiven Enzyms führen könnten.

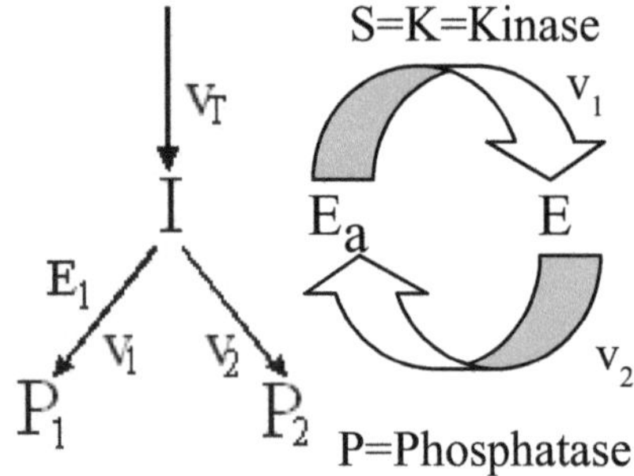

Grafik 15: De- und phosphorylierung bzw. Aktivierung und Deaktivierung von E_2 durch Phosphatase und Kinase (hier als Signal S).

---

[4] Zum Beispiel: Pirin in Cyanobakterien (Galmozzi et al. 2007).

[5] Nimmo et al. 1984.

I. Massenwirkungskinetik

Für den rechten Teil der Grafik 15 ergibt sich folgende Differentialgleichung mit Massenwirkungskinetik:

$$(4) \quad \frac{dE}{dt} = v_1 - v_2 = k_K \cdot K \cdot E_a - k_P \cdot P \cdot E$$

K – Konzentration der Kinase, k_K – Geschwindigkeitskonstante der Kinase-Reaktion, P – Konzentration der Phosphatase, k_P-Geschwindigkeitskonstante der Phosphatasereaktion

1. Einstellung des Fließgleichgewichts

In dem von Gleichung (4) beschriebenen System stellt sich mit der Zeit ein Fließgleichgewicht ein (Grafik 16). Mit der Annahme $E + E_a = 1$ ist folgende Funktion zu integrieren:

```
function [dEdt] = Phospho (t,E);

% Parameter
kK=0.36;   kP=6;   P=6;   K=5;   Km=20;   %Km=KmK=KmP

% Gleichungen
dEdt=kP*P*E-kK*K*(1-E);
dEdt=dEdt';
```

In der Kommandozeile:

```
E_0=0.1;
[t,Ea]=ode45('Phospho',[0 10],E_0);
plot(t,E);
```

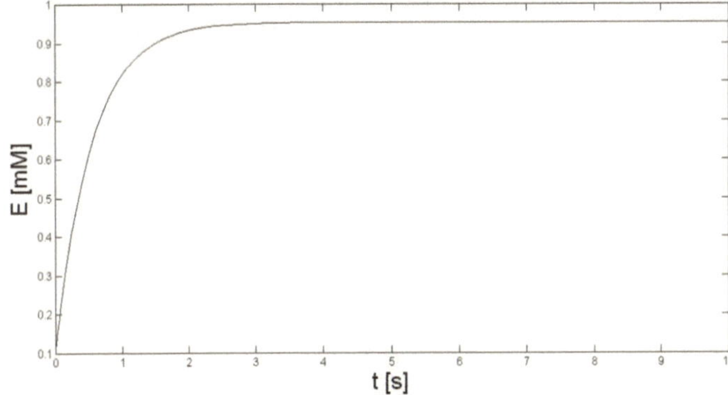

Grafik 16: Einstellung des Fließgleichgewichts von E.

2. Verhalten von v_1 und v_2 bei Signaländerung

Die Veränderungen von v_1 bei verschiedenen Signalstärken bzw. Kinasekonzentrationen (S_1 <S_2<S_3) und die Veränderungen von v_2 in dem System (4) (Grafik 15) können in Abhängigkeit von E separat betrachtet werden (Grafik 17):

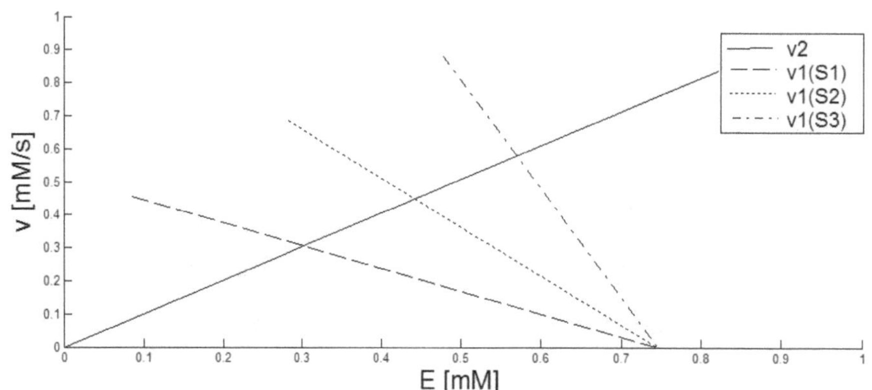

Grafik 17: v_1 bei verschiedenen Signalstärken/Kinasekonzentrationen und v_2 in Abhängigkeit von E.

V_1(S) nimmt mit steigender Signalstärke stärker ab. Unabhängig von der Signalstärke wird die Geschwindigkeit nach einer bestimmten Zeit null. V_2 nimmt hingegen kontinuierlich zu. Die Schnittpunkte von v_1 und v_2 in Grafik 17 stellen die Fließgleichgewichte dar. An diesen Stellen gilt: $\dfrac{dE}{dt} = \dfrac{dE_a}{dt} = 0$.

II. Michaelis-Menten-Kinetik

Durch Anwendung von Michaelis-Menten-Kinetik ergibt sich für die Aktivierung in Grafik 15 folgendes Schema:

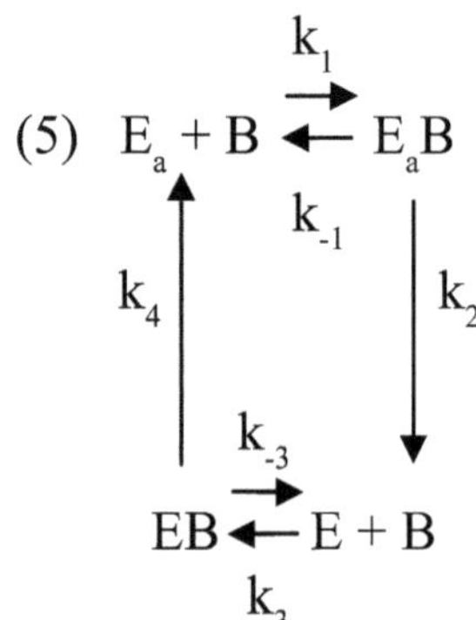

B – Enzym, dass de-/ und phosphoryliert

$$(5) \quad E_a + B \underset{k_{-1}}{\overset{k_1}{\rightleftharpoons}} E_a B$$

Die Grafik 15 entsprechende Differentialgleichung ist:

$$(6) \quad \frac{dE}{dt} = v_1 - v_2 = \frac{k_K \cdot K \cdot E_a}{K_m{}^K + E_a} - \frac{k_P \cdot P \cdot E}{K_m{}^P + E}$$

Es gilt ferner:

$$(7) \quad [B]_T = [B] + [BE_a] + [BE]$$

1. Einstellung des Fließgleichgewichts

In dem von Gleichung (6) beschriebenen System, stellt sich mit der Zeit ein Fließgleichge-wicht ein (Grafik 18):

```
function [dEdt] = Phospho (t,Ea);

% Parameter
kK=0.36; kP=6; Km=20; %Km=KmK=KmP
P=6; K=5;

% Gleichungen
dEdt=kP*P*(1-Ea)./(Km+(1-Ea))-kK*K*Ea./(Km+Ea);
dEdt=dEdt';
```
In der Matlabkommandozeile:

```
Ea_0=0.1;
[t,Ea]=ode45('Phospho',[0 10],Ea_0);
plot(t,Ea);
```

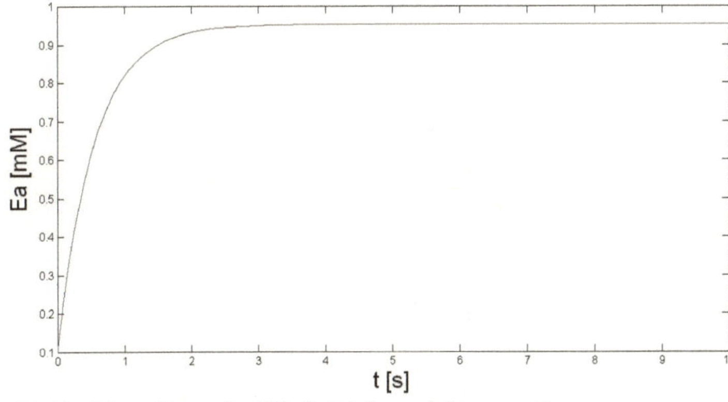

Grafik 18: Einstellung des Fließgleichgewichts von E_a.

Das Fließgleichgewicht kann man durch Variation der Parameter in (6) ändern (Grafik 19):

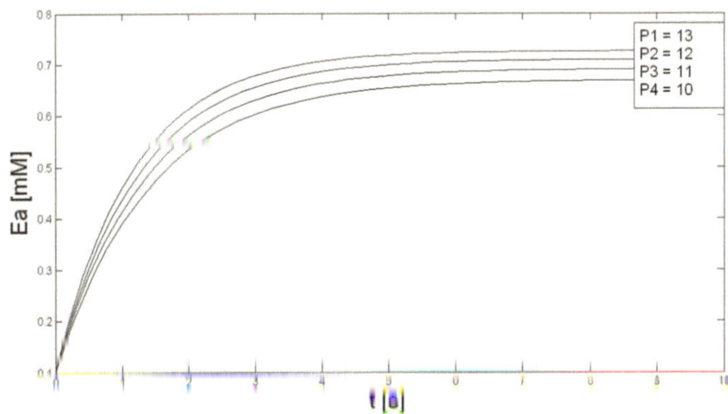

Grafik 19: Einstellung des Fließgleichgewichts von E_a bei verschiedenen Konzentrationen der Phosphatase P.

Um die vollständige Abhängigkeit des Fließgleichgewichts von P zu erhalten, muss Gleichung (6) im Fließgleichgewicht umgestellt werden (mit $K_m^P = K_m^K = K_m$) zu:

$$0 = k_K \cdot K \cdot K_m \cdot E_a + k_K \cdot K \cdot E_a - k_K \cdot E_a^2 + k_P \cdot P \cdot K_m * E_a - k_P \cdot P \cdot E_a + k_P \cdot P \cdot E_a^2 - k_P \cdot P \cdot K_m$$

Mit dem Befehl „fzero" kann in Matlab die Nullstelle numerisch berechnet werden. Wenn man dies mehrmals hintereinander für verschiedene P ausführt, erhält man ein Feld mit den jeweiligen Fließgleichgewichten von E_a.

```
% Parameter
kK=7; kP=0.6; Km=20; K=5;

for P=1:20
Ea1=@(Ea)kK*K*Km*Ea+kK*K*Ea-kK*Ea.^2+kP*P*Km*Ea-
kP*P*Ea+kP*P*Ea.^2-kP*P*Km;
z=fzero(Ea1,1);
EaG(P)=z;
end
semilogx(1:20,EaG)
```

Grafik 20: Veränderung des Fließgleichgewichts von E_a in Abhängigkeit von P.

Es zeigt sich in Grafik 20, dass $\overline{E}$ linear abhängig ist von P. $\overline{E}$ kann daher durch K exakt eingestellt werden. Dies ist für die Regulierung der Phosphorylierung bzw. der Verzweigung nötig.

2. Verhalten von v_1 und v_2 bei Signaländerung

Die Veränderungen von v_2 und v_1 bei verschiedenen Signalstärken (Kinasestärken) lassen sich darstellen (Grafik 21). Dabei ist das Verhalten ähnlich zu dem unter Massenwirkungskinetik (Grafik 17), nur dass keine linearen, sondern Michaelis-Menten-Kinetiken zu beobachten sind. Auch hier nimmt v_1 bei höherem S von einem höheren Niveau schneller ab.

In der Matlabbefehlszeile:

```
kK=1; kP=1; K=1; Km=0.05; %Km=KmK=KmP
P=; %variiert mit 2,1.5,1,0.5,0.25

v1=kP*(1-E)*P./((1-E)+Km);
plot(E,v1)

v2=kK*E*K./(Km+E);
plot(E,v2)
```

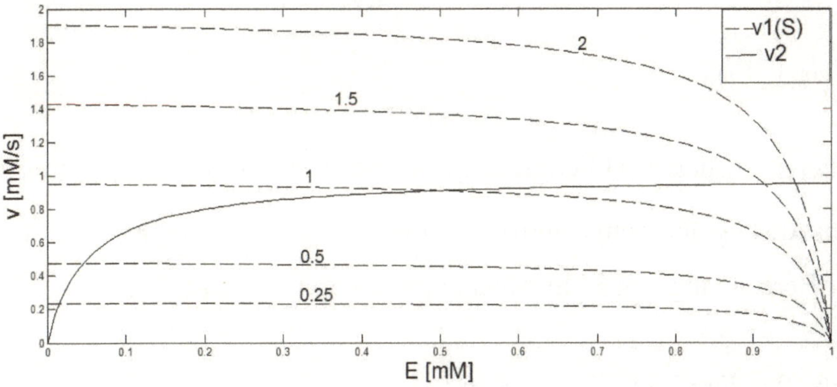

Grafik 21: v_1 (durchgezogen) und v_2 (gestrichelt) bei verschiedenem S in Abhängigkeit von E.

3. Unabhängigkeit des aktiven Enzyms von E_T

Um herauszufinden, wie E_a von E_T abhängt, ist (6) unter der Maßgabe, dass $E + E_a = E_T$ ist, im Fließgleichgewicht wie folgt umzuformen:

$$\frac{k_K \cdot K \cdot E_a}{K_m{}^K + E_a} = \frac{k_P \cdot P \cdot (E_T - E_a)}{K_m{}^P + (E_T - E_a)}$$

Es gelte: $K_m = K_m{}^K = K_m{}^P$

$$E_a 1/2 = \frac{-k_K \cdot K \cdot K_m{}^P - k_P \cdot P \cdot K_m - (k_K \cdot K - k_P \cdot P)E_T \pm \sqrt{(k_K \cdot K \cdot K_m{}^P + k_P \cdot K \cdot K_m{}^K + (k_K \cdot K - k_P \cdot P)E_T)^2 + 4(k_P \cdot P - k_K \cdot K)k_P \cdot P \cdot K_m{}^K \cdot E_T}}{2(k_P \cdot P - k_K \cdot K)}$$

Da es negative Konzentrationen nicht gibt, ist nur E_{a1} zu verwenden. In die Matlabbefehlszeile muss es demzufolge heißen:

```
kK=0.36; kP=6.0; Km=20; K=5; P=5;
EaT=[1:200];
Ea1=(Km*(-kK*K-kP*P)+sqrt((Km*(-kK*K-kP*P)+EaT*(kK*K-
kP*P)).^2+4*kP^2*P.^2*Km*EaT-
4*kK*K*kP*P*Km*EaT))./(2*(kP*P-kK*K));
plot(EaT,Ea1)
```

21

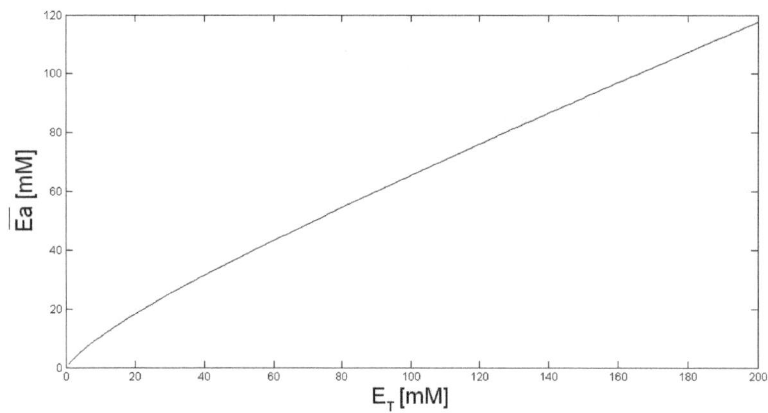

Grafik 23: Abhängigkeit von $\overline{E}_a$ von E_T.

Es zeigt sich ein stärkerer Anstieg der Fließgleichgewichtskonzentration bei kleinerem E_T, der dann in einen linearen Anstieg übergeht (Grafik 23). Eine lineare Abhängigkeit ergibt sich auch bei numerischer Berechnung von E_a in Abhängigkeit von E_T (Grafik 24):

```
kK=1; kP=6.0; Km=10; K=5; P=5;

for ET=1:10
Ea1=@(Ea)(kP*P-kK*K)*Ea^2+(kK*K*Km+kP*P*Km+(kK*K-
kP*P)*ET)*Ea-kP*P*Km*ET;
z=fzero(Ea1,0);
EaG(ET)=z;
end
plot([1:10],EaG)
```

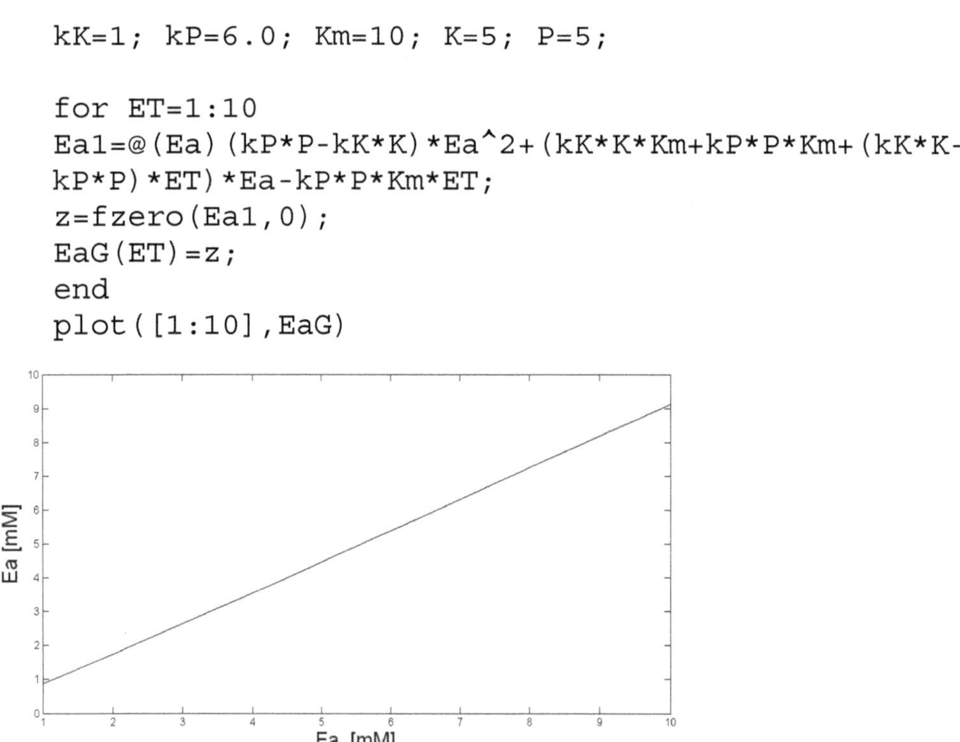

Grafik 24: Abhängigkeit von E_a von E_T.

Die Geschwindigkeit des aktiven Enzyms würde unter diesen Bedingungen von der gesamten Enzymkonzentration und den damit verbundenen Schwankungen abhängen. Die Zelle könnte die Abhängigkeit durch allosterische Interaktion von Signalproteinen mit der Kinase/Phosphatase verringern und dadurch ein konstantes E_a bekommen. Dies ist aber kaum möglich, da die Signalproteine selbst konstant gehalten werden müssten. Es bleibt der Zelle nur übrig, über die Phosphorylierungsrate bzw. deren kinetische Parameter den Schwankungen von E_a entgegenzusteuern.

Dies geschieht, indem bei der Dephosphorylierung (Aktivierung) ein Sättigungsmechanismus zum Tragen kommt. Es gilt in (6): $K_m^P \ll E$, wodurch aus v_2 wird:

$$v_2 = k_p \cdot P$$

Die Dephosphorylierung ist somit eine „Reaktion nullter Ordnung". V_2 bewegt sich im konstanten Bereich und ist von E mehr oder weniger unabhängig (Grafik 25). Im Ergebnis bedeutet dies, dass die Aktivierung immer mit der gleichen Geschwindigkeit erfolgt, egal wie viel von E bzw. E_T vorhanden ist. Im Fließgleichgewicht ist E_a, wenn v_1 konstant ist, somit robust gegenüber Schwankungen von E_T.

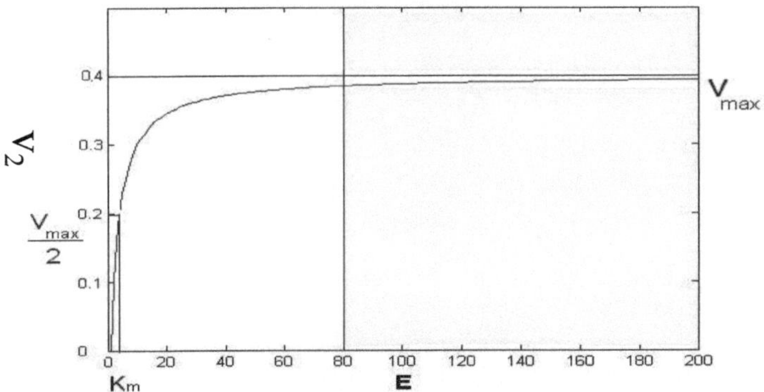

Grafik 25: v_2 in Abhängigkeit von E mit $K_m^P \ll E$.

Die Kinasereaktion (Deaktivierung) ist hingegen eine „Reaktion erster Ordnung". Es gilt: $K_m^K \gg E_a$. In (6) folgt damit:

$$v_1 = \frac{k_K \cdot K \cdot E_a}{K_m^K}$$

In diesem Fall bewegt sich v_1 im stark variierenden Bereich der Kurve (Grafik 26). Es besteht somit eine starke Abhängigkeit vom Substrat.

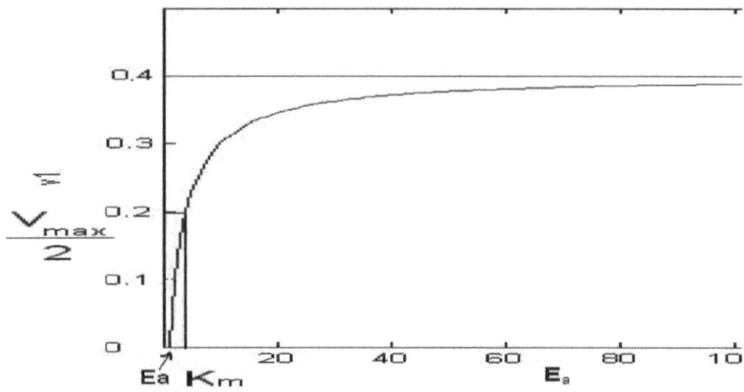

Grafik 26: v_1 als Funktion von E_a mit $K_m^{\ K} >> E_a$.

Normalerweise wird v_1 wegen der Invarianz von E_a konstant sein. Aufgrund der Flexibilität bleibt aber eine Möglichkeit zur Regulierung von v_1 und damit des gesamten Phosphorylierungssystems über Signalproteine bestehen. Die lässt sich wie folgt zeigen. Unter Zuhilfenahme der Näherungen gilt:

$$\frac{dE}{dt} = \frac{k_K \cdot K \cdot E_a}{K_m^{\ K}} - k_p \cdot P$$

E ist nach kurzer Zeit im Fließgleichgewicht:

$$\overline{E}_a = \frac{k_p \cdot P}{k_K \cdot K} \cdot K_m^{\ K}$$

Setzt man P = K, zeigt E_a sich im Fließgleichgewicht von E_T unabhängig:

$$\overline{E}_a = \frac{k_P}{k_K} \cdot K_m^{\ K}$$

Das beschriebene Modell beachtet jedoch nicht, dass E durch ein und dasselbe Enzym phosphoryliert und dephosphoryliert wird[6]. Bei der Glyoxylatverzweigung in E.coli handelt es sich dabei um Isocitratdehydrogenasekinasephosphatase (IDHKP). Nach dem Modell hat es nur eine Bindungsstelle für E_a und für E [7]. Damit müsste der Wettbewerb beider Substrate um die Bindungsstelle beachtet werden. Die Michaelis-Menten-Kinetik gilt jedoch nicht unter solchen Bedingungen, da es sich um eine Sättigungskinetik handelt, bei der die Sättigung allein durch das Verhältnis Enzym zu Substrat und nicht durch den Wettbewerb von zwei Substraten untereinander eintritt.

---

[6] LaPorte et al. 1982.

[7] Walsh et al. 1985, S. 8432-8433.

4. Unabhängigkeit des aktiven Enzyms von E_T bei zwei Bindungsstellen

Die Annahme von nur einer Bindungsstelle für E_a und E ist abzulehnen. Dafür sprechen die experimentellen Daten. Es wurde nachgewiesen, dass bei E.coli-Mutanten die Kinase aktiv bleibt, während die Phosphataseaktivität stark reduziert ist[8]. Das Enzym muss demzufolge zwei unabhängige Bindungsstellen besitzen[9]. Bei gleichzeitiger Bindung von E_a und E bilden sich somit Dreierkomplexe.

Shinar et al.[10] haben ein Modell entwickelt, das die Invarianz von E_a bei zwei Bindungsstellen demonstriert, ohne die originären Michaelis-Menten-Gleichungen zu benutzen. Stattdessen benutzen sie Massenwirkungskinetik in (5):

$$(8) \qquad [\dot{E}_a] = k_{-1}[BE_a] + k_4[BE] - k_1[B][E_a]$$

$$[\dot{E}] = k_{-3}[BE] + k_2[BE_a] - k_3[B][E]$$

$$[\dot{B}] = (k_{-1} + k_2)[BE_a] + (k_{-3} + k_4)[BE] - k_1[B][E_a] - k_3[B][E]$$

$$[\dot{BE}_a] = k_1[B][E_a] - (k_{-1} + k_2)[BE_a]$$

$$[\dot{BE}] = k_3[B][E] - (k_{-3} + k_4)[BE]$$

Es gilt neben (7) auch:

$$(9) \qquad [E]_T = [E_a] + [E] + [BE_a] + [BE]$$

Mit der zweiten und fünften Gleichung von (8) findet man:

$$(10) \qquad \frac{d}{dt}([E] + [BE]) = k_2[BE_a] - k_4[BE]$$

Betrachtet man die letzten beiden Gleichungen von (8) zusammen mit (10) im Fließgleichgewicht, erhält man das Verhältnis von aktivem und inaktivem Enzym:

$$(11) \qquad [E] = a[E_a] \qquad \text{mit} \qquad a = \frac{k_1 k_2 k_{-3} + k_4}{k_3 k_4 k_{-1} + k_2}$$

Man erkennt, dass zwar nicht E_a, aber zumindest das Verhältnis $\frac{E}{E_a}$ konstant ist.

---

[8] Miller et al. 1996.

[9] Shinar et al. 2009.

[10] Shinar et al. 2009.

Mit der physiologisch relevanten Bedingung $[E]_T \gg [B]_T$ in (9), die nicht mit der Bedingung zur Herbeiführung des Quasifließgleichgewichts bei der Michaelis-Menten-Gleichung (1) gleichzusetzen ist, findet man:

$$(12) \qquad [E_T] = [E_a] + [E]$$

Eingesetzt in (11) ergibt:

$$[E_a] \approx \frac{1}{1+a}[E]_T$$

E_a hängt demnach linear von $[E]_T$ ab. Das Enzym kann aus diesem Grund rein rechnerisch nicht über nur eine Bindungsstelle verfügen und gleichzeitig zu einer Invarianz von E_a führen.

a. Kinaseaktivität des Dreierkomplexes und geordnete Bindung

Wenn man dagegen annimmt, dass das Enzym zwei Bindungsstellen hat, wobei nur der Dreierkomplex BEE_a Kinaseaktivität hat und eine geordnete Bindung erfolgt, ist (5) zu ergänzen durch[11]:

$$E_a + BE \underset{k_{-5}}{\overset{k_5}{\rightleftharpoons}} BEE_a \xrightarrow{k_6} BE + E$$

Die zugehörigen Differentialgleichungen des gesamten Systems sind:

$$(13) \qquad [\dot{E}_a] = k_{-1}[BE_a] + k_4[BE] - k_1[B][E_a] + k_{-5}[BEE_a] - k_5[BE][E_a]$$

$$[\dot{E}] = k_{-3}[BE] + k_2[BE_a] - k_3[B][E] + k_6[BEE_a]$$

$$[\dot{B}] = (k_{-1} + k_2)[BE_a] + (k_{-3} + k_4)[BE] - k_1[B][E_a] - k_3[B][E]$$

$$[\dot{BE}_a] = k_1[B][E_a] - (k_{-1} + k_2)[BE_a]$$

$$[\dot{BE}] = k_3[B][E] - (k_{-3} + k_4)[BE] - k_5[BE][E_a] + (k_{-5} + k_6)[BEE_a]$$

$$[\dot{BEE}_a] = k_5[BE][E_a] - (k_{-5} + k_6)[BEE_a]$$

Die Summation der Gleichungen macht die Erhaltung von E_T und B_T deutlich:

$$(14) \qquad [E]_T = [E_a] + [E] + [BE_a] + [BE] + 2[BEE_a]$$

$$[B]_T = [B] + [BE_a] + [BE] + [BEE_a]$$

---

[11] Shinar et al. 2009.

Durch Summierung der zweiten, fünften und sechsten Gleichung von (13) findet man:

$$\frac{d}{dt}([E] + [BE] + [BEE_a]) = k_2[BE_a] + k_6[BEE_a] - k_4[BE]$$

Im Fließgleichgewicht ergibt sich ein Gleichgewicht von Phosphorylierungs- und Dephosphorylierungsraten:

$$(15) \qquad k_2[BE_a] + k_6[BEE_a] = k_4[BE]$$

Die letzten drei Gleichungen von (12) im Fließgleichgewicht lauten umgestellt:

$$(16) \qquad [BE_a] = \frac{k_1}{k_{-1} + k_2}[B][E_a]$$

$$[BE] = \frac{k_3}{k_{-3} + k_4}[B][E]$$

$$[BEE_a] = \frac{k_3}{k_{-3} + k_4}\frac{k_5}{k_{-5} + k_6}[B][E][E_a]$$

Mit der Annahme $E_T \gg B_T$ wird (14) zu (12).

Fügt man die Gleichungen von (16) in (15) mit Hilfe von (12) ein, erhält man:

$$[E_a]^2 - ([E]_T + b)[E_a] + c[E]_T = 0$$

$$\text{mit } (17) \quad b = \frac{k_4}{k_6}\frac{k_{-5}+k_6}{k_5} + \frac{k_2}{k_6}\frac{k_1}{k_{-1} + k_2}\frac{k_{-3} + k_4}{k_3}\frac{k_{-5}+k_6}{k_5} \quad \text{und} \quad c = \frac{k_4}{k_6}\frac{k_{-5}+k_6}{k_5}$$

Da $[E]_T \geq [E_a]$ gilt, ist die Lösung der Gleichung:

$$(18) \qquad [E_a] = \frac{[E]_T + b}{2}\left(1 - \sqrt{1 - \frac{4c[E]_T}{([E]_T + b)^2}}\right)$$

Da $[B]_T$ nicht in der Gleichung auftaucht, ist erkennbar, dass $[E_a]$ insensitiv gegenüber Veränderungen von $[B]_T$ ist. Jedoch hängt es nach wie vor von $[E]_T$ ab. Robustheit entsteht hingegen unter der Annahme, dass $[E]_T \gg b$ ist. Aus der Analyse von (17) ergibt sich $b \gg c$ und damit $[E]_T \gg c$.

Nun kann man in (18) b vernachlässigen und erhält durch Taylorentwicklung der resultierenden Gleichung mit dem kleinen Parameter $c/[E]_T$:

$$[E_a] = a\,(1 + c/[E]_T + \ldots)$$

Es zeigt sich, dass für große Werte von $[E]_T$ verglichen zu b und c, $[E_a]$ in hohem Maße robust gegenüber Veränderungen von $[E]_T$ ist. Die Zelle kann $[E_a]$ demzufolge, ohne von dem schwankenden $[E]_T$ abhängig zu sein, nach Belieben einstellen.

b. Kinase-/Phosphataseaktivität und ungeordnete Bindung

Vernachlässigt man die Bedingungen, dass nur der Dreierkomplex BEE_a Kinaseaktivität hat und eine geordnete Bindung erfolgt, ist (6) zu ergänzen durch:

$$
\begin{array}{ccccc}
 & \xrightarrow{\;k_5\;} & & \overset{k_6}{\nearrow} & BE + E \\
E_a + BE & \xleftarrow{\;k_{-5}\;} & BEE_a & & \\
 & & & \overset{k_8}{\searrow} & BE_a + E_a \\
 & & k_7 \uparrow \downarrow k_{-7} & & \\
 & & BE_a + E & &
\end{array}
$$

Entsprechend sind die Differentialgleichungen für dieses System:

$$[\dot{E}_a] = k_{-1}[BE_a] + k_4[BE] - k_1[B][E_a] + (k_{-5} + k_8)[BEE_a] - k_5[BE][E_a]$$

$$[\dot{E}] = k_{-3}[BE] + k_2[BE_a] - k_3[B][E] + (k_6 + k_{-7})[BEE_a] - k_7[BE_a][E]$$

$$[\dot{B}] = (k_{-1} + k_2)[BE_a] + (k_{-3} + k_4)[BE] - k_1[B][E_a] - k_3[B][E]$$

$$[\dot{BE}_a] = k_1[B][E_a] - (k_{-1} + k_2)[BE_a] + (k_{-7} + k_8)[BEE_a] - k_7[BE_a][E]$$

$$[\dot{BE}] = k_3[B][E] - (k_{-3} + k_4)[BE] - k_5[BE][E_a] + (k_{-5} + k_6)[BEE_a]$$

$$[\dot{BEE}_a] = k_5[BE][E_a] - (k_{-5} + k_6 + k_{-7} + k_8)[BEE_a] + k_7[BE_a][E]$$

In Matlab ergibt sich mit:

$$[E]_T = [E_a] + [E] + [BE_a] + [BE] + 2[BEE_a]$$

und mit zufällig gewählten Parametern und Variablen[12]:

```
function [dEadt] = Phosphoshi (t,ET)
% Parameter
k(1) .. k(17) = ..;
% Variablen
Ea .. BEEa = ..;
% Gleichungen (ET = E + Ea + BE + BEa + BEEa)
E .. BEEa = ..;
dEadt(1,1) .. dEadt(6,1) = ..;
```

---

[12] Vollständig im Anhang.

In der Befehlszeile erhält man durch Integration von veränderlichem E_T:

```
for j=1:100
ET=[j,j,j,j,j,j] ;
[t,Ea]=ode23('Phosphoshi',[0 9],ET);
EaG(j)=Ea(end,1);
end
plot(1:100,EaG);
```

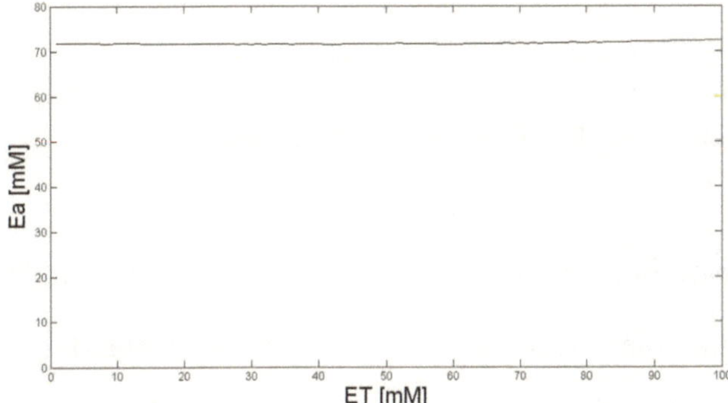

Grafik 27: E_a in Abhängigkeit von E_T bei zwei Bindungsstellen.

Es zeigt sich eine Robustheit von E_a auch ohne die Annahme einer ausschließlichen Kinaseaktivität von BEE_a und einer geordneten Bindung, wenn lediglich $k_6 > k_8$, d.h. wenn die Kinaseaktivität überwiegt. Bei $k_6 < k_8$ ergibt sich hingegen eine Robustheit von E.

III. Signalantwortverhalten

Das Signalantwortverhalten lässt sich darstellen, indem man (6) mit der Annahme $E + E_a = E_T$ = konst. = 1 im Fließgleichgewicht umformt:

$$S = \frac{k_P \cdot P}{k_K \cdot K} = \frac{(K_m^{\ P} + E^{eq})(1 - E^{eq})}{E^{eq}(K_m^{\ K} + 1 - E^{eq})}$$

S stelle bei festgehaltener Phosphatase (P) das Signal dar.

Es gelte wieder: $K_m = K_m^{\ P} = K_m^{\ K}$. In der Kommandozeile in Matlab wird eingegeben:

```
E=[0.001:0.005:0.999];
Km=1;
S = ((Km+E).*(1-E)) ./ E.*(Km+1-E);
semilogx(S,E)

hold on
K=[] [] ;
S = S((Km+E).*(1-E)) ./ E.*(Km+1-E);
semilogx(S,E)
```

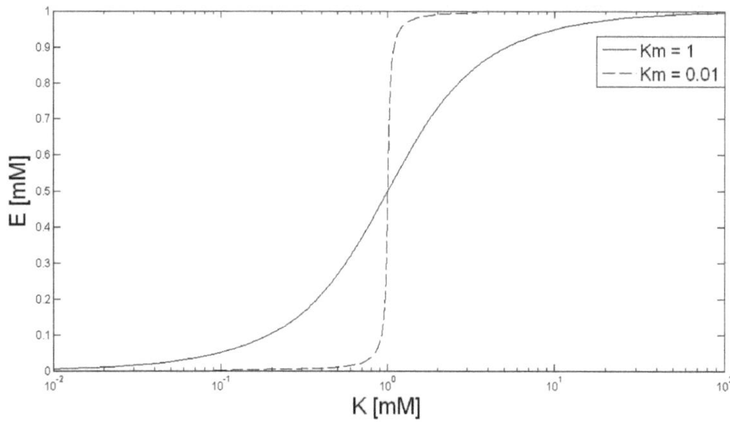

Grafik 28: Ultrasensitivität tritt bei K=0.01 auf. Je kleiner der K_m-Wert, desto abrupter ist die Antwort.

Es tritt bei der Aktivierung von E Ultrasensitivität auf, wenn der K_m-Wert klein, d.h. mindestens kleiner als 1 ist (Grafik 28). Dieses Phänomen ist bekannt als Goldbeter-Koshland-Schalter[13]. Bei einer kritischen Signalstärke schnellt die Signalantwort, vergleichbar einem Schalter abrupt in die Höhe. Dadurch können binäre Einstellungen hervorgerufen und reguliert werden. Diese Art der Regulierung wird bei der Aktivierung des Enzyms IDH im Zitronensäurezyklus angewendet.

E. Kombination beider Bausteine

Die Eingliederung der kompensatorischen Phosphorylierung in die Verzweigung dient dazu, die Verzweigung diskret an- und abzuschalten und durch die Invarianz des aktiven Enzyms dessen Konzentration genauestens einzustellen. Das System kann wegen der kinetischen Parameter des de-/phosphorylierenden Enzyms Schwankungen der Gesamtkonzentration des Verzweigungssenzyms kompensieren und schneller als durch Translation und Transkription auf Umweltveränderungen wie den Übergang von Acetat auf Glucose reagieren.

Die kompensatorische Phosphorylierung fungiert als Schalter der Verzweigung, da sie das Verzweigungsenzym, dessen Konzentration für die Verzweigung entscheidend ist, an- und abschalten kann. Denn wie der Verzweigungseffekt besagt, wird bei hoher Konzentration an aktivem Enzym mehr Isocitrat verbraucht, so dass es schnell unter den niedrigen K_m-Wert fällt und die Lyase nicht mehr auf Isocitrat reagiert. Die Verzweigung wird in dem Fall geschlossen.

Die Effizienz und die Dynamik des Systems werden damit im Ergebnis durch Zusammenführung der beiden Bausteine gesteigert.

---

[13] Goldbeter et al. 1981.

Anhang:

```matlab
function [dEadt] = Phosphoshi (t,ET)

% Parameter (zufällig)
k(1)=0.3184;
k(2)=0.8284;
k(3)=0.0811;
k(4)=0.7346;
k(5)=0.8795;
k(6)=0.8886;
k(7)=0.5137;
k(8)=0.7588;
k(9)=0.6975;
k(10)=0.2347;
k(11)=0.4261;
k(12)=0.9053;
k(13)=0.2393;
k(14)=0.2476;
k(15)=0.3761;
k(16)=0.9317;
k(17)=0.3314;

% Variablen
Ea = 9.734;
B = 6.442;
BEa = 9.485;
BE = 2.463;
BEEa = 8.458;

% Gleichungen
% ET = E + Ea + BE + BEa + BEEa
E = ET(1) - Ea - BE - BEa - BEEa;
Ea = ET(2) - E - BE - BEa - BEEa;
BE = ET(3) - Ea - E - BEa - BEEa;
BEa = ET(4) - Ea - E - BE - BEEa;
BEEa = ET(5) - Ea - E - BE - BEa;

dEadt(1,1) = k(10)*BEa + k(4)*BE - k(1)*B*Ea + (k(15) +
k(8))*BEEa - k(5)*BE*Ea;
dEadt(2,1) = k(13)*BE + k(2)*BEa - k(3)*B*E + (k(6) +
k(17))*BEEa - k(7)*BEa*E;
dEadt(3,1) = (k(10) + k(2))*BEa + (k(13) + k(4))*BE -
k(1)*B*Ea - k(3)*B*E;
dEadt(4,1) = k(1)*B*Ea - (k(10) + k(2))*BEa + (k(17) +
k(8))*BEEa - k(7)*BEa*E;
dEadt(5,1) = k(3)*B*E - (k(13) + k(4))*BE - k(5)*BE*Ea +
k(15) + k(6))*BEEa;
dEadt(6,1) = k(5)*BE*Ea - (k(15) + k(6) + k(17) +
k(8))*BEEa + k(7)*BEa*E;
```

Literaturverzeichnis

Cozzone, Alain J.

Regulation of acetate metabolism by protein phosphorylation in enteric bacteria,
Annual Review of Microbiology (1998) 52, 127-164

Galmozzi, Carla V.; Fernández-Avila M. Jesús; Reyes, José C.; Florencio, Francisco J.; Muro-Pastor, M.Isabel

The ammonium-inactivated cyanobacterial glutamine synthetase I is reactivated in vivo by a mechanism involving proteolytic removal of its inactivating factors,
Molecular Microbiology (2007) 65 (1), 166–179

Goldbeter, Albert; Koshland Jr., Daniel E.

An amplified sensitivity arising from covalent modification in biological systems,
Proc. Natl. Acad. Sci. U.S.A. (1981) 78 (11): 6840 – 4.
PMID 6947258

LaPorte, David C.; Walsh, Kenneth; Koshland Jr., Daniel E.

The branch point effect,
Journal of Biological Chemistry (1984) 259 (22), 14068 - 14075

LaPorte, David C.; Walsh, Kenneth; Koshland Jr., Daniel E.

A protein with kinase and phosphatase activities involved in regulation of tricarboxylic acid cycle,
Nature (1982) 300, 458 - 460

LaPorte, David C.; Thorness, Peter E.; Koshland Jr., Daniel E.

Compensatory phosphorylation of isocitrate dehydrogenase,
Journal of Biological Chemistry (1985) 260 (19), 10563 - 10568

Miller, Stephen P.; Karschnia, Elizabeth J.; Ikeda, Timothy P.; LaPorte, David C.

Isocitrate dehydrogenase kinase/phosphatase. Kinetic characteristics of the wild-type and two mutant proteins,
Journal of Biological Chemistry (1996) 271 (32), 19124-19128

Nimmo, GA; Nimmo HG

The regulatory properties of isocitrate dehydrogenase kinase and isocitrate dehydrogenase phosphatase from Escherichia coli ML308 and the roles of these activities in the control of isocitrate dehydrogenase,
European Journal of Biochemistry (1984) 141, 409 - 414

Shinar, Guy; Rabinowitz, Joshua D.; Alon, Uri

Robustness in glyoxylate bypass regulation,
PLoS Computational Biology (2009) 5 (3) 5(3): e1000297. doi:10.1371/journal.pcbi.1000297

Stueland, Constance S.; Gorden, Keith; LaPorte, David C.

The isocitrate dehydrogenase phosphorylation cycle,
Journal of Biological Chemistry (1988) 263 (36), 19475 - 19479

Walsh, Kenneth; Koshland Jr., Daniel E.

Determination of flux through the branch point of two metabolic cycles,
Journal of Biological Chemistry (1984) 259 (15), 9646 - 9654

Walsh, Kenneth; Koshland Jr., Daniel E.

Branch point control by the phosphorylation state of isocitrate dehydrogenase,
Journal of Biological Chemistry (1985) 260 (14), 8430 - 8437